BEI GRIN MACHT SICH IHR WISSEN BEZAHLT

- Wir veröffentlichen Ihre Hausarbeit,
  Bachelor- und Masterarbeit

- Ihr eigenes eBook und Buch -
  weltweit in allen wichtigen Shops

- Verdienen Sie an jedem Verkauf

Jetzt bei www.GRIN.com hochladen und kostenlos publizieren

Kristina Kuhlmann

Matrizen zur Beschreibung von Zustandsänderungen

GRIN Verlag

Bibliografische Information der Deutschen Nationalbibliothek:

Die Deutsche Bibliothek verzeichnet diese Publikation in der Deutschen National-bibliografie; detaillierte bibliografische Daten sind im Internet über http://dnb.d-nb.de/ abrufbar.

Impressum:

Copyright © 2011 GRIN Verlag GmbH
Druck und Bindung: Books on Demand GmbH, Norderstedt Germany
ISBN: 978-3-640-94487-3

Dieses Buch bei GRIN:

http://www.grin.com/de/e-book/173306/matrizen-zur-beschreibung-von-zustands-aenderungen

GRIN - Your knowledge has value

Der GRIN Verlag publiziert seit 1998 wissenschaftliche Arbeiten von Studenten, Hochschullehrern und anderen Akademikern als eBook und gedrucktes Buch. Die Verlagswebsite www.grin.com ist die ideale Plattform zur Veröffentlichung von Hausarbeiten, Abschlussarbeiten, wissenschaftlichen Aufsätzen, Dissertationen und Fachbüchern.

Besuchen Sie uns im Internet:

http://www.grin.com/

http://www.facebook.com/grincom

http://www.twitter.com/grin_com

Eichenschule Scheeßel

Staatl. Anerk. Gymnasium in freier Trägerschaft

Facharbeit im
Seminarfach Mathematik

von

Kristina Kuhlmann

Februar 2011

Kristina Kuhlmann

Inhaltsverzeichnis

1 Einleitung 2

2 Matrizen – Mathematische Grundlagen 2

   2.1 Definitionen 2

   2.2 Rechenoperationen 4

      2.2.1 Addition und Subtraktion 4

      2.2.2 Multiplikation mit einem Skalar 5

      2.2.3 Multiplikation zweier Matrizen 5

   2.3 Inverse 5

3 Anwendungsbeispiele 6

   3.1 Bedarfsplanung 6

      3.1.1 Beispiel einer einstufigen Produktion 6

      3.1.2 Beispiel für einen mehrstufigen Produktionsprozess 8

      3.1.3 Behandlung praxisrelevanter Erzeugnisstrukturen 9

   3.2 Stochastische Prozesse - Markow-Ketten 10

      3.2.1 Ein einführendes Beispiel 11

      3.2.2 Die Berechnung der Grenzverteilung 12

   3.3 Populationsprozesse – Zyklische Prozesse 13

      3.3.1 Ein einführendes Beispiel 14

      3.3.2 Aussagen zur Populationsentwicklung 15

4 Zusammenfasung 16

5 Literatur 17

1 Einleitung

Eine Vielzahl von ökonomischen, technischen bzw. naturwissenschaftlichen Fragestellungen lassen sich modellhaft durch lineare Gleichungssysteme[1] abbilden. Zur Behandlung solcher Gleichungssysteme in kompakter Form werden sogenannte Matrizen genutzt. Auch werden oft größere Datenblöcke, die häufig in den Wirtschaftswissenschaften vorkommen, in Matrizenform verarbeitet,[2] da sich die Beziehungen zwischen den Datenblöcken durch die Schreibweise übersichtlicher darstellen und berechnen lassen. Die Bezeichnung Matrizen und das Rechnen mit ihnen führen auf den Mathematiker Arthur Cayley (1821-1895) zurück.[3] Die Betrachtung von linearen Gleichungssystemen und Matrizen ist Gegenstand der Linearen Algebra.[4]

Das erste Kapitel soll die mathematischen Grundlagen für das Thema Matrizen schaffen, d.h. die erforderlichen Definitionen zu Matrizen erläutern und die im späteren Verlauf der Arbeit genutzten Rechenoperationen (Addition, Subtraktion, Multiplikation) allgemein sowie an einfachen Beispielen erklären.

Im Hauptkapitel meiner Arbeit stelle ich unterschiedliche Anwendungsbeispiele vor, bei denen Matrizen zur Problembeschreibung und -lösung eingesetzt werden können.

Als erste Anwendung wird ein Ansatz zur Bedarfsplanung als Teilaufgabe der Produktionsplanung untersucht. Zentraler Begriff ist hierbei die Bedarfsmatrix. Die Grundidee des Verfahrens soll anhand verschiedener Beispiele und Fragestellungen dargestellt werden.

Der zweite Anwendungsfall beschäftigt sich mit stochastischen Prozessen. Als besondere Klasse von stochastischen Prozessen sollen für sogenannte Markow-Ketten mit Hilfe der Matrizenrechnung ausgewählte Fragestellungen beleuchtet werden. In diesem Zusammenhang soll der Begriff der Übergangsmatrix eingeführt werden.

Die Untersuchung von Populationsprozessen, die als stochastische zyklische Prozesse zu verstehen sind, dient als letztes Anwendungsfeld von Matrizen. Auch hier sollen mittels eines einführenden Beispiels unterschiedliche Fragestellungen und deren mathematische Lösung vermittelt werden.

Zum Abschluss soll als Zusammenfassung eine kurze Bewertung der Anwendungsfälle erfolgen.

2 Matrizen – Mathematische Grundlagen

2.1 Definitionen

Ein rechteckiges Schema von $m \cdot n$ geordneten Elementen a_{ik} wird Matrix A genannt.[5] „Die Indizes i und k eines Elementes a_{ik} bestimmen den Platz in dem geordneten Schema. Hierbei ist der erste Index i die Zeilennummer und der zweite Index k die Spaltennummer in der das Element steht.

---

[1] Lineares Gleichungssystem: Ein System linearer Gleichungen, die mehrere unbekannte Größen (Variable) enthalten.
[2] Holland, Heinrich; Holland, Doris (2006), *S.* 168f
[3] M. Koecher (1997)
[4] Holland, Heinrich; Holland, Doris (2006), *S.* 161
[5] Matrizen werden durch große lateinische Buchstaben bezeichnet.

Alle Elemente a_{ik} einer Zeile i haben den gleichen Zeilenindex i. Alle Elemente a_{ik} einer Spalte k haben den gleichen Spaltenindex k. So stehen alle Elemente a_{2k} in der zweiten Zeile und alle Elemente a_{i3} in der dritten Spalte der Matrix A." [6]

$$\begin{pmatrix} a_{11} & a_{12} & \cdots & a_{1n} \\ a_{21} & a_{22} & \cdots & a_{2n} \\ \vdots & \vdots & & \vdots \\ a_{m1} & a_{m2} & \cdots & a_{mn} \end{pmatrix} = \left(a_{ik} \right) = A$$

Abb. 1 $m \times n$ -Matrix

Wenn nicht anderes festgelegt ist, sind Matrizenelemente reelle Zahlen. Um das Schema werden runde Klammern gesetzt.

Das Format oder Typ einer Matrix a wird durch das angeordnete Paar (m,n) definiert. Zwei Matrizen A und B sind **gleichartig**, wenn sie vom selben Typ sind. [7]

Zwei Matrizen A und B sind **gleich**, wenn sie das gleiche Format haben und alle entsprechenden Elementen $a_{ik} = b_{ik}$ übereinstimmen, sodass man schreiben kann: A = B. [8]

$$A = \begin{pmatrix} 3 & 7 \\ 8 & 1 \end{pmatrix}; B = \begin{pmatrix} 3 & 7 \\ 8 & 1 \end{pmatrix}$$

$$A = B$$

Stimmen die Zeilenanzahl n und die Spaltenanzahl m überein, liegt eine **quadratische** Matrix vor. [9] Die Diagonale einer Matrix verläuft von links oben nach rechts unten und besteht somit aus den Elementen a_{11}, a_{22}, , a_{nn} . [10]

$$A = \begin{pmatrix} 1 & 4 \\ 5 & 7 \end{pmatrix}$$

$$M = \begin{pmatrix} 1 & 2 \\ 3 & 4 \\ 5 & 6 \end{pmatrix}$$

$$M^T = \begin{pmatrix} 1 & 3 & 5 \\ 2 & 4 & 6 \end{pmatrix}$$

Vertauscht man alle Zeilen und Spalten einer Matrix A miteinander (d.h. die erste Zeile wird die erste Spalte, die zweite Zeile wird die zweite Spalte usw.), erhält man eine **transponierte** Matrix A^T. [11]

Es gilt: $(A^T)^T = A$

Eine quadratische Matrix A mit der Eigenschaft $a_{ik} = a_{ki}$ für alle Indexpaare heißt **symmetrisch**. Für eine symmetrische Matrix gilt: $A^T = A$. [12]

$$A = \begin{pmatrix} 1 & 3 & 6 \\ 3 & 7 & 9 \\ 6 & 9 & 8 \end{pmatrix}$$

Man spricht von einer **Nullmatrix** 0, wenn sämtliche Elemente Null sind. [13]

$$A = \begin{pmatrix} 0 & 0 \\ 0 & 0 \end{pmatrix}$$

Eine quadratische Matrix $A = (a_{ik})$, bei der alle Elemente außerhalb der Diagonalen den Wert Null haben, für die dementsprechend $a_{ik} = 0$

$$A = \begin{pmatrix} 1 & 0 & 0 \\ 0 & 2 & 0 \\ 0 & 0 & 3 \end{pmatrix}$$

---

[6] Larek, Emil (2000), S.27
[7] Larek, Emil (2000), S.27f
[8] Feldmann, Dietrich; Kruse, Arian; Merziger, Peter; Mühlbach, Günter; Wirth, Thomas (1985), S.108f
[9] Freudigmann, Hans u.a. (2009), S.304
[10] Kneis, Gert (2005), S.39
[11] Larek, Emil (2000), S.29
[12] Larek, Emil (2000), S.29
[13] Kamps, Udo; Cramer, Erhard; Oltmanns, Helga (2009), S.229

für alle Indexpaare mit $i \neq j$ gilt, heißt **Diagonalmatrix**.[14])

Eine Diagonalmatrix mit $a_{ij} = 1$ für alle i, ist es eine **Einheitsmatrix**
E.[15]

$$E = \begin{pmatrix} 1 & 0 & 0 \\ 0 & 1 & 0 \\ 0 & 0 & 1 \end{pmatrix}$$

Matrizen mit nur einer Zeile oder nur einer Spalte werden als Vektoren bezeichnet.[16] Eine Matrix, die nur durch eine einzige Spalte definiert ist, heißt **Spaltenvektor**. Eine Matrix, die nur durch eine einzige Zeile definiert ist, ist ein **Zeilenvektor**.[17]

$$S = \begin{pmatrix} 1 \\ 2 \end{pmatrix}$$

$$Z = \begin{pmatrix} 4 & 2 & 7 \end{pmatrix}$$

Ein Paar[18] (A, B) von Matrizen heißt **verkettet**, wenn die Spaltenzahl der Matrix A gleich der Zeilenzahl der Matrix B, wenn also A von einem Typ (m, p) und B von einem Typ (p, n) ist.[19]

$$A = \begin{pmatrix} 4 & 8 \\ 9 & 2 \\ 3 & 5 \end{pmatrix} \quad B = \begin{pmatrix} 4 & 6 \\ 7 & 8 \end{pmatrix}$$

(A, B) ist verkettet, (B, A) ist nicht verkettet.

2.2 Rechenoperationen

2.2.1 Addition und Subtraktion

Addieren und Subtrahieren ist nur für Matrizen des gleichen Typ möglich.

Man addiert zwei Matrizen A und B miteinander, indem man die Summe entsprechender Elemente der Matrizen bildet:

$$\begin{pmatrix} 1 & 7 \\ 4 & 2 \\ 5 & 2 \end{pmatrix} + \begin{pmatrix} 4 & 1 \\ 3 & 5 \\ 1 & 2 \end{pmatrix} = \begin{pmatrix} 1+4 & 7+1 \\ 4+3 & 2+5 \\ 5+1 & 2+2 \end{pmatrix} = \begin{pmatrix} 5 & 8 \\ 7 & 7 \\ 6 & 4 \end{pmatrix}$$

$A + B = S \qquad s_{ik} = a_{ik} + b_{ik}$;

für i = 1, 2,..., m und k = 1, 2,...,n

Zwei Matrizen A und B werden subtrahiert, indem die entsprechenden Elemente voneinander subtrahiert werden:

$$\begin{pmatrix} 1 & 7 \\ 4 & 2 \\ 5 & 2 \end{pmatrix} - \begin{pmatrix} 4 & 1 \\ 3 & 5 \\ 1 & 2 \end{pmatrix} = \begin{pmatrix} 1-4 & 7-1 \\ 4-3 & 2-5 \\ 5-1 & 2-2 \end{pmatrix} = \begin{pmatrix} -3 & 6 \\ 1 & -3 \\ 4 & 0 \end{pmatrix}$$

$A - B = S \qquad s_{ik} = a_{ik} - b_{ik}$

i = 1,2,..., m und k = 1,2,...,n

Beim Addieren zweier Matrizen A und B gelten:

- Das Kommuntativgesetz: $A + B = B + A$

- Das Assoziativgesetz: $A + B + C = (A + B) + C = A + (B) + C)$

- Bei transponierten Matrizen:: $(A + B)^T = A^T + B^T$ [20]

---

[14] Kneis, Gert (2005), S.41
[15] Luderer, Bernd; Würker, Uwe (2009), S.132
[16] Larek, Emil (2000), S.28
[17] Luderer, Bernd; Würker, Uwe (2009), S.135
[18] Bei einem Paar ist die Reihenfolge im Gegensatz zu einer zwei-elementigen Menge signifikant.
[19] Larek, Emil (2000), S.33
[20] Tietze, Jürgen (2005), S.454f

2.2.2 Multiplikation mit einem Skalar

Wird eine Matrix A mit einem Skalar[21] k multipliziert, muss jedes Element a_{ik} mit dem Skalar multipliziert werden:

$$k \cdot A = A \cdot k = (k \cdot a_{ik}) \quad \text{für } k \in R.[22]$$

$$A = \begin{pmatrix} 2 & 5 \\ 6 & \dfrac{1}{3} \end{pmatrix} ; k = 3$$

$$3 \cdot A = \begin{pmatrix} 3 \cdot 2 & 3 \cdot 5 \\ 3 \cdot 6 & 3 \cdot \dfrac{1}{3} \end{pmatrix} = \begin{pmatrix} 6 & 15 \\ 18 & 1 \end{pmatrix}$$

2.2.3 Multiplikation zweier Matrizen

Die Multiplikation von Matrizen ist nur für verkettete Matrizen definiert, d.h. es kann nur die Matrix A = (a_{ik}) vom Typ (m, p) mit der Matrix B = (b_{kj}) vom Typ (p, n) multipliziert werden. Aus dem Produkt AB entsteht eine neue $m \cdot n$-Matrix C = (c_{ij}) vom Typ (m,n), deren Elemente c_{ij} aus dem inneren Produkt der i-ten Zeile von A mit der j-ten Spalte von B entsteht. [23]

$$c_{ik} = \sum_{j=1}^{r} a_{ij} b_{jk} = a_{i1} b_{1k} + \ldots + a_{ij} b_{jk} + \ldots + a_{ir} b_{rk}$$

$$\begin{pmatrix} b_{11} & \cdots & b_{1k} & \cdots & b_{1s} \\ b_{21} & \cdots & b_{2k} & \cdots & b_{2s} \\ \cdots & \cdots & \cdots & \cdots & \cdots \\ b_{r1} & \cdots & b_{rk} & \cdots & b_{rs} \end{pmatrix}$$

Mit dem Schema von Falk kann die Matrizenmultiplikation übersichtlich dargestellt und durchgeführt werden.[24]

$$\begin{pmatrix} a_{11} & a_{12} & \cdots & \cdots & a_{1r} \\ \cdots & \cdots & \cdots & \cdots & \cdots \\ a_{i1} & a_{i2} & \cdots & \cdots & a_{ir} \\ \cdots & \cdots & \cdots & \cdots & \cdots \\ a_{n1} & a_{n2} & \cdots & \cdots & a_{nr} \end{pmatrix} \begin{pmatrix} c_{11} & \cdots & \cdots & \cdots & c_{is} \\ \vdots & & c_{ik} & & \vdots \\ c_{n1} & \cdots & \cdots & \cdots & c_{ns} \end{pmatrix}$$

Für die Matrizenmultiplikation gelten: [25]

- Das Distributivgesetz   (A + B)C = AC + BC   bzw.   A(B + C) = AB + AC
- Das Assoziativgesetz   ABC   = (AB)C = A(BC)
- Bei transponierten Matrizen: $(AB)^T = B^T A^T$
                                $(A^T)^T = A$

2.3 Inverse

Eine n-reihige Matrix X wird als inverse Matrix der n-reihigen Matrix A bezeichnet, wenn gilt:

$$A \cdot X = E \text{ sowie } X \cdot A = E$$

Um die Matrix X als Inverse zu Matrix A zu kennzeichnen wird das Symbol A^{-1} verwendet.

---

[21] Ein Skalar ist eine mathematische Größe, die allein durch die Angabe eines Zahlenwertes charakterisiert ist.
[22] Larek, Emil (2000), S.32f
[23] Feldmann, Dietrich; Kruse, Arian; Merziger, Peter; Mühlbach, Günter; Wirth, Thomas (1985), S.110f
[24] Larek, Emil (200), S.34
[25] Kneis, Gert (2005), S.45

Aufgrund der Regel zur Matrizenmultiplikationen können nur quadratische Matrizen eine Inverse best-zen, aber nicht zu jeder quadratischen Matrix existiert eine inverse Matrix. [26]

Als Rechenregeln für inverse Matrizen gilt:[27]
- A und B invertierbare Matrizen, dann sind auch A^{-1}, A^T und $A \cdot B$ invertierbar.
- $(A^{-1})^{-1} = A$
- $(A^T)^{-1} = (A^{-1})^T$
- $(A \cdot B)^{-1} = (B^{-1}) \cdot (A^{-1})$

3 Anwendungsbeispiele

3.1 Bedarfsplanung

Aufgabe der Produktion ist die Herstellung von Gütern (Autos, Kühlschränke etc.). Produktionspro-zesse beschreiben die Transformation von Rohstoffen in Zwischenprodukte bzw. Endprodukte.

Aufgabe der Bedarfsplanung ist es aus dem Bedarf an Endprodukten (Primärbedarf) den Bedarf an Zwischenprodukten und Rohstoffen (Sekundärbedarf) abzuleiten. Um die Berechnung durchzuführen, bedarf es neben der Angabe der Primärbedarfe pro Produkt auch die Angabe der Erzeugnisstruktur. Die Erzeugnisstruktur kann in verschiedener Weise abgebildet werden (Stücklisten, Gozinto-Graph etc.).

3.1.1 Beispiel einer einstufigen Produktion

An einem einfachen Beispiel einer einstufigen „Produktion" soll dies erläutert werden.

Um die Cocktails Jamaika und Bahamas mixen zu können, braucht man die Fruchtsäfte Ananas, Banane, Erdbeere und Kokosmilch. Aus welchen Bestandteilen die beiden Cocktails bestehen, zegt der nachstehende Gozintograph und die daraus abgeleitete Tabelle.

Aufgabe der Bedarfsplanung ist es nun, zu bestimmen, welche Menge der Säfte Ananas, Banane, Erdbeere und Kokosmilch (die Rohstoffe) benötigt werden, um eine vorgegebene Menge Jamaika Cocktails bzw. Bahamas Cocktails herstellen zu können.

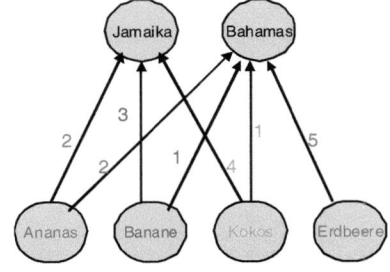

---

[26] Um zu beurteilen, ob eine quadratische Matrix invertierbar, ist die Determinante einer Matrix zu bestimmen. Wieder die Definition noch die Berechnung der Determinante einer Matrix sind Gegenstand der Arbeit. Für den Interessierten sei auf Kneis (2004), Seite 48-60 verwiesen.

[27] Kneis, Gert (2005), S.47

	Jamaika	Bahamas
Ananassaft	2	2
Bananensaft	3	1
Kokosmilch	4	1
Erdbeersaft	0	5

$$\begin{pmatrix} 2 & 2 \\ 3 & 1 \\ 4 & 1 \\ 0 & 5 \end{pmatrix} = A.$$

Die Tabelle kann über eine Matrix abgebildet werden, in der die Zeilen die Rohstoffe und die Spalten die Endprodukte enthalten. Die Matrix wird als Bedarfsmatrix oder auch Prozessmatrix bezeichnet.

Der Gesamtbedarf von Ananassaft y_1, Bananensaft y_2, Kokosmilch y_3 und Erdbeersaft y_4 kann mit Hilfe eines linearen Gleichungssystems berechnet werden. Mit jeder Zeile des Gleichungssystems kann der Bedarf eines Rohstoffs errechnet werden.

$$y_1 = 2x_1 + 2x_2$$
$$y_2 = 3x_1 + 1x_2$$
$$y_3 = 4x_1 + 1x_2$$
$$y_3 = 0x_1 + 5x_2$$

Sowohl die benötigte Menge der Rohstoffe können als Vektor Y und die gewünschte Menge an Endprodukte im Vektor X zusammengefasst werden.

$$\text{Vektor } Y = \begin{pmatrix} y_1 \\ y_2 \\ y_3 \\ y_4 \end{pmatrix} \; ; \quad \text{Vektor } X = \begin{pmatrix} x_1 \\ x_2 \end{pmatrix}$$

Durch diesen Schritt kann die Bedarfsmatrix A mit Primärbedarfsvektor X multipliziert werden, und die Mengen an Rohstoffen errechnet werden.

$$Y = A \cdot X$$

Ausgehend davon, dass 10 Gläser des Jamaika-Cocktails und 15 Gläser des Bahamas- Cocktails hergestellt werden müssen, kann nun mit Hilfe der Matrizenmultiplikation berechnet werden, wie viel Einheiten jeweils von den Rohstoffen benötigt werden:

$$\begin{pmatrix} y_1 \\ y_2 \\ y_3 \\ y_4 \end{pmatrix} = \begin{pmatrix} 2 & 2 \\ 3 & 1 \\ 4 & 1 \\ 0 & 5 \end{pmatrix} \cdot \begin{pmatrix} 10 \\ 15 \end{pmatrix} = \begin{pmatrix} 2\cdot10 + 2\cdot15 \\ 3\cdot10 + 1\cdot15 \\ 4\cdot10 + 1\cdot15 \\ 0\cdot10 + 5\cdot15 \end{pmatrix} = \begin{pmatrix} 50 \\ 45 \\ 55 \\ 75 \end{pmatrix} .$$

Somit werden 50 Einheiten Ananassaft, 45 Einheiten Bananensaft, 55 Einheiten Kokosmilch und 75 Einheiten Erdbeersaft für 10 Gläser des Jamaika-Cocktails und 15 Gläser des Bahamas-Cocktails benötigt.

Für einen mehrstufigen Produktionsprozess kann dieser Ansatz übernommen und weiterentwickelt werden. Ein entsprechendes Beispiel findet sich im nächsten Kapitel.

3.1.2 Beispiel für einen mehrstufigen Produktionsprozess

In einem Produktionsprozess werden zur Herstellung von drei Zwischenprodukten Z_1, Z_2 und Z_3 vier verschiedene Rohstoffe R_1, R_2, R_3 und R_4 benötigt. Aus den beiden Zwischenprodukten entstehen noch zwei verschiedene Endprodukte E_1 und E_2. Durch die Figur erkennt man, wie viel Mengeneinheiten der Rohstoffe für die jeweiligen Zwischenprodukte und wie viel Mengeneinheiten der Zwischenprodukte für die jeweiligen Endprodukte gebraucht werden. Die Frage lautet nun, wie groß der Rohstoffbedarf für eine bestimmte Anzahl von Endprodukte ist.

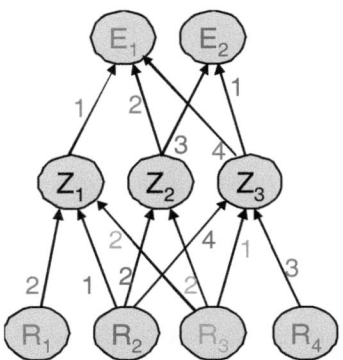

Der In- und Output jeder Produktionsstufe kann in einer separaten Tabelle abgebildet werden. Jede Tabelle kann in Form eine Matrix umgewandelt werden, wobei in den Zeilen die Input-Produkte und n den Spalten die Output-Produkte stehen. Ein Element einer Matrix gibt an, wie viele Einheiten des Input-Produkt für die Produktion einer Einheit des Output-Produktes benötigt wird.

Diese Matrizen heißen Bedarfsmatrizen B, da sie Bedarf von Input-Faktoren darstellen.

	Z1	Z2	Z3
R1	2	0	0
R2	1	2	4
R3	2	2	1
R4	0	0	3

	E1	E2
Z1	1	0
Z2	2	3
Z3	4	1

Diese Tabellen werden als Matrizen dargestellt:
$$A = \begin{pmatrix} 2 & 0 & 0 \\ 1 & 2 & 4 \\ 2 & 2 & 1 \\ 0 & 0 & 3 \end{pmatrix} \qquad B = \begin{pmatrix} 1 & 0 \\ 2 & 3 \\ 4 & 1 \end{pmatrix}$$

Um nun den Bedarf der einzelnen Rohstoffe berechnen zu können, werden sie multipliziert:

$$A \cdot B = \begin{pmatrix} 2 & 0 & 0 \\ 1 & 2 & 4 \\ 2 & 2 & 1 \\ 0 & 0 & 3 \end{pmatrix} \cdot \begin{pmatrix} 1 & 0 \\ 2 & 3 \\ 4 & 1 \end{pmatrix} = \begin{pmatrix} 2 & 21 & 10 & 12 \\ 0 & 10 & 7 & 3 \end{pmatrix} = C$$

Die erste Spalte von C gibt an, wie viele Einheiten der Rohstoffe für eine Einheit von E_1 gebraucht werden (2 Einheiten R_1, 21 Einheiten R_2, 10 Einheiten R_3, 12 Einheiten R_4) und die zweite Spalte dementsprechend den Rohstoffbedarf für eine Einheit von E_2 (0 Einheiten R_1, 10 Einheiten R_2, 7 Einheiten R_3, 3 Einheiten R_4).

Es soll nun der Rohstoffbedarf für 2 Produkte von E_1 und 4 Produkte von E_2 berechnet werden.

$$R = C \cdot \begin{pmatrix} 2 & 4 \end{pmatrix} = \begin{pmatrix} 4 & 82 & 48 & 36 \end{pmatrix}$$

Es werden 4 Einheiten von R_1, 82 Einheiten von R_2, 48 Einheiten von R_3 und 36 Einheiten von R_4 benötigt.

3.1.3 Behandlung praxisrelevanter Erzeugnisstrukturen

Das oben vorgestellte Beispiel sowie das Beispiel im Anhang vernachlässigt folgende praxisrelevante Merkmale von Erzeugnisstrukturen:

- Nicht nur auf Ebene von Endprodukte können Primärbedarfe bestehen, sondern auch für Zwischenprodukte müssen Primärbedarfe abgebildet werden können.
- Im Beispiel wurde ein Produkt der Stufe n ausschließlich aus Produkten der Stufe n-1 erzeugt. In Realität werden Rohstoffe bzw. Zwischenprodukte in verschiedenen Produktionsstufen eingesetzt.
- Insbesondere in der chemischen Industrie kommen zyklische Prozesse vor, es liegt in diesem Fall kein eindeutig gerichteter Graph vor.

Das nebenstehende Beispiel soll diese drei Punkte abbilden. Aus dem Gozintograph kann nebenstehende Bedarfsmatrix abgeleitet werden.

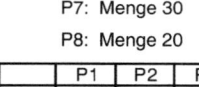

- Nicht nur P8 und P7 besitzen Primärbedarfe sondern auch ebenfalls P6.
- Die Produkte P3, P4 und P5 bilden einen Zyklus, da Produkt P3 für die Herstellung von P4 benötigt, dieser in P5 eingeht und P5 wiederum mit einem kleiner Menge für die Herstellung von P3 verwendet wird.
- Die Rohstoffe P1 und P2 gehen in Produkte verschiedener Zwischenstufen ein.

Als Primärbedarf seien gegeben:

P6: Menge 40
P7: Menge 30
P8: Menge 20

	P1	P2	P3	P4	P5	P6	P7	P8
P1	0	0	2	1	0	0	0	0
P2	0	0	0	1	0	3	0	0
P3	0	0	0	1	0	0	0	0
P4	0	0	0	0	2	0	0	0
P5	0	0	0,15	0	0	3	2	3
P6	0	0	0	0	0	0	1	0
P7	0	0	0	0	0	0	0	0
P8	0	0	0	0	0	0	0	0

Nebenstehend die Bedarfstabelle zum Beispiel 3, die in einer quadratischen Matrix überführt wird.

Die Ausgangsüberlegung ist wie beim zweiten Beispiel: Der Gesamtbedarf x_i des Produktes i setzt sich aus dem Primärbedarf p_i und dem Sekundärbedarf s_i zusammen. Der Sekundärbedarf ist gleich der Summe der zur Erzeugung des Gesamtbedarf x_i der anderen Produkte $j \neq i$ benötigten Menge des

Produktes i: $s_i = \sum_{j=1}^{n} b_{ij} \cdot x_j$

Der Gesamtbedarf für ein Produkt i errechnet sich damit: $x_i = s_i + p_i$

Das sich daraus ergebene lineare Gleichungssystem kann durch die Einführung der Vektoren P für Abbildung der Primärbedarfe sowie des Produktvektors X in folgender Weise in Matrizenform dargestellt werden:[28]

	$X = P + S \cdot X$,
daraus folgt:	$P = X - S \cdot X$
da $E \cdot X = X$	$P = (E - S) \cdot X$
erweitert mit $(E - S)^{-1}$	$(E - S)^{-1} \cdot P = (E - S)^{-1} \cdot (E - S) \cdot X$
da $A^{-1} \cdot A = E$	$(E - S)^{-1} \cdot P = X$

	P1	P2	P3	P4	P5	P6	P7	P8
P1	1,0	0,0	3,3	4,3	8,6	25,7	42,9	25,7
P2	0,0	1,0	0,4	1,4	2,9	11,6	17,3	8,6
P3	0,0	0,0	1,4	1,4	2,9	8,6	14,3	8,6
P4	0,0	0,0	0,4	1,4	2,9	8,6	14,3	8,6
P5	0,0	0,0	0,2	0,2	1,4	4,3	7,1	4,3
P6	0,0	0,0	0,0	0,0	0,0	1,0	1,0	0,0
P7	0,0	0,0	0,0	0,0	0,0	0,0	1,0	0,0
P8	0,0	0,0	0,0	0,0	0,0	0,0	0,0	1,0

Die Ermittlung von $(E - S)^{-1}$ erfolgte mit dem Rechner

$(E - S)^{-1}$ wird als Gesamtbedarfsmatrix bezeichnet. Die Elemente g_{ij} der Gesamtbedarfsmatrix geben an, wie viele Einheiten des Produktes i insgesamt beschafft bzw. erzeugt werden müssen, um eine Einheit des Primärbedarfs des Produktes j herzustellen.

Als letzter Schritt muss nun noch das Matrixprodukt aus Gesamtbedarfsmatrix und Primärbedarfsvektor P ermittelt werden, um den Gesamtbedarfsvektor X zu erhalten. Für das Beispiel bedeutet dies:

P1 = 2828,6	P2 = 1152,9	P3 = 942,9	P4 = 942,9
P5 = 471,4	P6 = 70,0	P7 = 30,0	P8 = 20,0

3.2 Stochastische Prozesse - Markow-Ketten

Im Folgenden sollen Vorgänge untersucht werden, bei denen Objekte[29] in verschiedenen Zuständen vorliegen können. Bei diesen Prozessen können die Objekte eine Anzahl von Zuständen einnehmen, wobei die Übergang von einem Zustand n zu einem Zustand m mit einer bestimmten Wahrscheinlichkeit erfolgt. Solche Prozesse werden daher als stochastische Prozesse bezeichnet.[30]

Stochastische Prozesse beschreiben die zeitlich geordnete Entwicklung eines zufallsabhängigen Systems.

Finden die Zustandsänderungen nur zu diskreten Zeitpunkten statt, gibt es nur eine endliche Anzahl von Zuständen und wird ein zukünftiger Zustand nur von dem gegenwärtigen Zustand und nicht von früheren Zuständen beeinflusst, können diese stochastischen Prozesse als Markow-Ketten dargestellt werden.[31]

---

[28] Kistner, Klaus-Peter; Steven, Marion: Produktionsplanung (1993), S. 211-214
[29] Der Begriff Objekt ist sehr weit zu verstehen.
[30] Freudigmann, Hans u.a. (2009), S.317
[31] Stüven, Pirjetta (2002), S.2

Ziel bei der Untersuchung solcher Prozesse ist es, Wahrscheinlichkeiten für das Eintreten zukünftiger Ereignisse anzugeben. Im Folgenden soll an Hand eines einfachen Beispiels die Vorgehensweise bei der Beantwortung solcher Fragestellung dargestellt werden.

Eine Matrix kommt bei diesem Prozess zum Einsatz, um den Übergang zweier aufeinanderfolgender Zustände darzustellen.

Bei dieser Art von Prozessen, den man auch Austauschprozess nennt, spricht man auch von einer Übergangsmatrix für stochastische Prozesse, wenn für die Matrix P gilt:

* sie ist quadratisch
* für jede ihrer Elemente a_{ik} gilt: $0 \leq a_{ik} \leq 1$ und
* die Summe der Elemente in jeder Spalte beträgt 1.[32]

3.2.1 Ein einführendes Beispiel

Die Bevölkerung in einem Land kann man in etwa in drei verschiedene Gesellschaftsklassen einteilen: Oberschicht (OS),Mittelschicht (MS) und Unterschicht (US).

Bei einer Modellrechnung wird festgestellt, dass sich dem Land derzeit 5% der Bevölkerung der Oberschicht, 70% der Mittelschicht und 25% der Unterschicht angehören. Zudem beinhaltet dieses Modell, dass jede Familie genau zwei Kinder hat. Diese Verteilung stellt die sogenannte Anfangsverteilung dar. Wenn die Kinder selber Eltern sind, werden sie nicht automatisch der gleichen Schicht wie im Kindesalter angehören. Zu untersuchen ist daher, mit welcher Wahrscheinlichkeit die Kinder später welcher Schicht angehören.

Im ersten Schritt ist aus der Beschreibung der mögliche Zustandsraum zu definieren, d.h. welche Zustände möglich und welche Übergangswahrscheinlichkeiten zu beachten sind.

Die Übergangswahrscheinlichkeit p_{ik} ist die Wahrscheinlichkeit für den Übergang von Zustand i in den Zustand k. Weil immer ein Zustand eintreten muss, ist die Summe der Übergangswahrscheinlichkeiten von Zustand i immer 1.

Stochastische Prozesse sind übersichtlich mittels Zustandsgraphen zu beschreiben. Alle möglichen Zustände sind Knoten des Graphen. Weiterhin sind die Übergangswahrscheinlichkeiten an den Pfeilen angegeben. Die von einem Knoten abgehenden Pfeile haben die Gesamtwahrscheinlichkeit 1.

Bei 5000 Familien sind 10.000 Kinder mit folgender Ausgangsverteilung auf die drei Schichten: x_1 = 500 für (OS), x_2 = 7000 für (MS) und x_3 = 2500 für (US).

Als Beispiel für die Übergangswahrscheinlichkeit: Die Wahrscheinlichkeit von MS in OS aufzusteigen ist 0,1; in MS zu verbleiben 0,8 und in US abzusteigen 0,1.

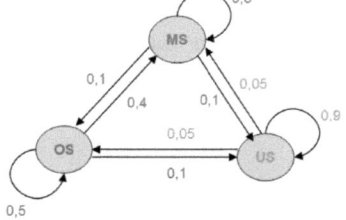

---

[32] Freudigmann, Hans u.a. (2009), S.317

Wenn diese Kinder Erwachsen werden ergibt sich folgendes Bild:

Menschen in der OS: $0,50 \cdot 500 + 0,10 \cdot 7000 + 0,05 \cdot 2500$ = 1075

Menschen in der MS: $0,40 \cdot 500 + 0,80 \cdot 7000 + 0,05 \cdot 2500$ = 5925

Menschen in der US: $0,10 \cdot 500 + 0,10 \cdot 7000 + 0,90 \cdot 2500$ = 3000

Zur Prüfung: Die Gesamtzahl ist immer noch dieselbe: 1075 + 5925 + 3000 = 10000

Dieses lineare Gleichungssystem kann auch in Form von Matrizen dargestellt werden. Die Übergangswahrscheinlichkeiten können in einer quadratischen Übergangsmatrix P, die Ausgangsverteilung in einem Startvektor A zusammengefasst werden. Die zukünftige Verteilung Z errechnet sich aus P · A = Z

$$P = \begin{pmatrix} 0,5 & 0,1 & 0,05 \\ 0,4 & 0,8 & 0,05 \\ 0,1 & 0,1 & 0,9 \end{pmatrix}, A = \begin{pmatrix} 500 \\ 7000 \\ 2500 \end{pmatrix}$$

$$Z = \begin{pmatrix} 0,5 & 0,1 & 0,05 \\ 0,4 & 0,8 & 0,05 \\ 0,1 & 0,1 & 0,9 \end{pmatrix} \cdot \begin{pmatrix} 500 \\ 7000 \\ 2500 \end{pmatrix} = \begin{pmatrix} 1075 \\ 5925 \\ 3000 \end{pmatrix}$$

Dieser Schritt liefert die Rechenvorschrift, um den Übergang zweier aufeinanderfolgender Zustände zu bestimmen.

3.2.2 Die Berechnung der Grenzverteilung

Bei Stochastischen Prozessen ist vor allem auch die langfristige Entwicklung interessant. Dabei soll immer dieselbe stochastische Matrix P gelten. Im Folgenden soll bis zur 4. Generation die Bevölkerungsverteilung für das vorherige Beispiel berechnet werden.

Generation 1	Generation 2	Generation 3	Generation 4
$\begin{pmatrix} 500 \\ 7000 \\ 2500 \end{pmatrix}$	$\begin{pmatrix} 500 \\ 7000 \\ 2500 \end{pmatrix} \to \begin{pmatrix} 1075 \\ 5925 \\ 3000 \end{pmatrix}$	$\begin{pmatrix} 1075 \\ 5925 \\ 3000 \end{pmatrix} \to \begin{pmatrix} 1280 \\ 5320 \\ 3400 \end{pmatrix}$	$\begin{pmatrix} 1280 \\ 5320 \\ 3400 \end{pmatrix} \to \begin{pmatrix} 1342 \\ 4938 \\ 3720 \end{pmatrix}$

Vergleicht man die Verteilung von der 2. Generation mit der von der 4. Generation, fällt auf, dass die Veränderung der Verteilung immer geringer wird. Die Verteilung in dem Beispiel strebt gegen eine stabile (Grenz-)Verteilung G.

Diese kann man folgendermaßen rechnerisch berechnen: Falls es eine stabile Verteilung gibt, wird diese durch die Multiplikation mit P nicht beeinflusst, d.h.: $P \cdot G = G$.

G heißt dann Fixvektor zu P. Diese Überlegung liefert einen Ansatz um die stabile Grenzverteilung G zu berechnen: [33]

$$\begin{pmatrix} 0,5 & 0,1 & 0,05 \\ 0,4 & 0,8 & 0,05 \\ 0,1 & 0,1 & 0,9 \end{pmatrix} \cdot \begin{pmatrix} x_1 \\ x_2 \\ x_3 \end{pmatrix} = \begin{pmatrix} x_1 \\ x_2 \\ x_3 \end{pmatrix}$$

$$0,5x_1 + 0,1x_2 + 0,05x_3 = x_1$$
$$0,4x_1 + 0,8x_2 + 0,05x_3 = x_2$$
$$0,1x_1 + 0,1x_2 + 0,90x_3 = x_3$$

$$G = \begin{pmatrix} \frac{1}{4}b \\ \frac{3}{4}b \\ b \end{pmatrix}$$

---

[33] Freudigmann, Hans u.a. (2009), S.317

D.h. der Fixvektor ist nicht eindeutig bestimmt. Da aber die Gesamtzahl der Kinder 10000 ist, gilt:

$$x_1 + x_2 + x_3 = 10000, \text{ d.h. } \frac{1}{4}b + \frac{3}{4}b + b = 10000. \text{ Daraus folgt b = 5000 und damit } G = \begin{pmatrix} 1250 \\ 3750 \\ 5000 \end{pmatrix}.$$

D.h. langfristig werden in jeder Generation 1250 Kinder der Oberschicht, 3750 der Mittelschicht und 5000 der Unterschicht angehören.

3.3 Populationsprozesse – Zyklische Prozesse

Wenn die Populationen von Organismen untersucht werden, ist häufig ihre Dynamik eine zentrale Fragestellung. Leslie (1945) entwickelte ein mathematisches Modell, mit dem die Entwicklung einer Population unter Einbeziehung der Altersklassen bzw. Lebensstadien untersucht werden kann. Die sogenannte Leslie-Matrix ist eines der bekanntesten Verfahren, um das Populationswachstum zu beschreiben.

Die Grundidee des Leslie-Ansatzes ist ähnlich die für stochastische Prozesse. Auch hier ist die zentrale Überlegung die Abbildung des Modells in Form einer Übergangsmatrix.

Jedes Individuum einer Population befindet sich zu einem Zeitpunkt in einer von m definierten Gruppen (Altersklassen, Lebensstadien), im Sinne von stochastischen Prozessen in einem definierten Zustand. Um eine Leslie-Matrix für eine Population aufstellen zu können, müssen folgende Daten über diese Population vorliegen (siehe dazu Leslie[34]):

- Die Anzahl Gruppen m,
- n_i, die Anzahl Organismen (n) jeder Gruppe i ,
- p_i, der Anteil der Organismen, der von der Gruppe i zur Gruppe i+1 übergeht (bzw. überlebt), d.h. $0 < p_i <= 1$,
- f_i, die Vermehrungsrate in der jeweiligen Gruppen i

Damit kann folgendes lineares Gleichungssystem aufgestellt werden:[35]

Dieses Gleichungssystem kann in wieder in eine Matrixnotation überführt werden: $U \cdot N_0 = N_1$

U stellt die Übergangsmatrix dar. Sie ist quadratisch, enthält m+1 Zeilen und Spalten.

$$\sum_{i=0}^{m} f_i \cdot n_{i0} = n_{01} \text{[36]}$$

$$p_0 \cdot n_{00} = n_{11}$$
$$p_1 \cdot n_{10} = n_{21}$$
$$p_2 \cdot n_{20} = n_{31}$$
$$\vdots \qquad \vdots$$
$$p_{m-1} \cdot n_{m-10} = n_{m1}$$

$$\begin{pmatrix} f_0 & f_1 & \cdots & f_{m-1} & f_m \\ p_0 & 0 & & & \\ 0 & p_1 & & \ddots & \\ \vdots & & & & \\ 0 & & & p_{m-1} & 0 \end{pmatrix}$$

---

[34] Leslie, P.H.:, biometrica (1945) 33(3) S.183-212

[35] Die Anzahl in Gruppe 1 zum Zeitpunkt t = 1 berechnet sich aus der Wahrscheinlicht P_1 multipliziert mit der Anzahl n in Gruppe 0 zum Zeitpunkt t= 0

[36] Die Anzahl in Gruppe 0 ergibt sich aus der Summe der Geburten über alle Gruppen. Die Anzahl Geburten einer Gruppe i ergibt sich aus dem Produkt aus Geburtenrate in Gruppe i multipliziert mit der Anzahl n_i

3.3.1 Ein einführendes Beispiel

Bei der Betrachtung einer Libellenpopulation wird davon ausgegangen, dass ein Libellenweibchen 90 Eier legt und danach stirbt. Von den daraus entstandenen Larven überleben nur 1/3 und entwickeln sich zu Libellen. Dasselbe Phänomen tritt im danach folgenden Jahr auf. Im dritten Jahr verpuppen sich die Larven und aus 0,1 von ihnen werden im darauf folgenden Jahr Libellenweibchen, die wiederum 90 neue Eier legen.

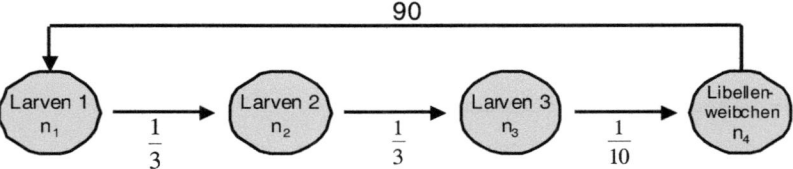

Zu Beginn des ersten Beobachtungsjahres sind 5000 Larven 1, 1500 Larven 2, 400 Larven 3 und 600 Libellenweibchen vorhanden, woraus sich die Startpopulation als Startvektor ableiten

$$N_0 = \begin{pmatrix} n_{10} \\ n_{20} \\ n_{30} \\ n_{40} \end{pmatrix} = \begin{pmatrix} 22500 \\ 4500 \\ 1200 \\ 1800 \end{pmatrix}$$ lässt. Die Übergangsmatrix lautet: $U = \begin{pmatrix} 0 & 0 & 0 & 90 \\ 1/3 & 0 & 0 & 0 \\ 0 & 1/3 & 0 & 0 \\ 0 & 0 & 0,1 & 0 \end{pmatrix}$

Die Anzahl der Larven bzw. Libellen in den jeweiligen Gruppen für das darauffolgende Jahr errechnet sich wie folgt: $n_{11} = 90 \cdot n_{40}$; $n_{21} = \frac{1}{3}n_{10}$; $n_{31} = \frac{1}{3}n_{20}$; $n_{41} = 0,1n_{30}$

Ausgehend von diesem Schema können nun die Population für nachfolgende Jahre mit den Matrizenrechenregeln berechnet werden:

$$N_1 = U \cdot N_0 = \begin{pmatrix} 162000 \\ 7500 \\ 1500 \\ 120 \end{pmatrix} \qquad N_2 = U \cdot N_1 = U \cdot U \cdot N_0 = \begin{pmatrix} 10800 \\ 54000 \\ 2500 \\ 150 \end{pmatrix}$$

$$N_3 = U \cdot N_2 = U \cdot U \cdot U \cdot N_0 = \begin{pmatrix} 13500 \\ 3500 \\ 18000 \\ 250 \end{pmatrix} \qquad N_4 = U \cdot N_3 = U \cdot U \cdot U \cdot U \cdot N_0 = \begin{pmatrix} 22500 \\ 4500 \\ 1200 \\ 1800 \end{pmatrix} = N_\bullet$$

Erstaunlicher Weise wird nach einem Zyklus von 4 Jahren wieder die Ausgangspopulation erreicht. Eine Populationsentwicklung ist als zyklisch definiert, wenn nach einer endlichen Anzahl von Perioden die Startanzahl in den einzelnen Gruppen wieder erreicht wird. In diesem Fall bleibt eine Population langfristig stabil.[37]

---

[37] Freudigmann, Hans u.a. (2009), S.322

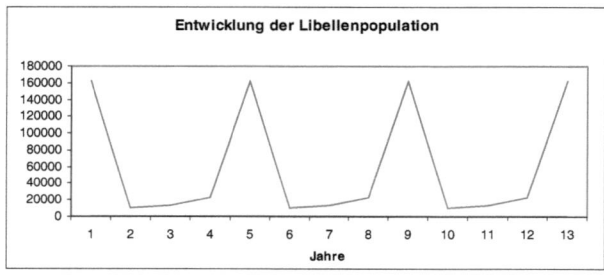

Dieser zyklische Prozesse kann gut an der nebenstehenden Graphik abgelesen werden. Sie zeigt den Populationsverlauf ausschließlich der Gruppe Larve 1 (N_1).

3.3.2 Aussagen zur Populationsentwicklung

Die aus diesem Beispiel ergebenden Fragen sind:

1. Kann aus der Übergangsmatrix abgeleitet werden, wie sich eine Population entwickelt?
2. Kann bestimmt werden, nach vielen Perioden ein Zyklus durchlaufen ist?
3. Gibt es Kriterien, um aus der Übergangsmatrix abzuleiten, ob eine Population langfristig aussterben wird oder wächst?

Diese Fragen sollen an einer bestimmten Form von Übergangsmatrix behandelt werden: Eine Vermehrungsrate sei nur für die letzte Altersklasse gegeben. Das bedeutet, dass die Anzahl Organismen einer Gruppe zu einem beliebigen Zeitpunkt nicht von der Anzahl Organismen anderer Gruppen zu diesem Zeitpunkt abhängt. Die Übergangsmatrizen vereinfachen sich somit bei einer Population mit

vier Gruppen zu $U = \begin{pmatrix} 0 & 0 & 0 & f \\ a & 0 & 0 & 0 \\ 0 & b & 0 & 0 \\ 0 & 0 & c & 0 \end{pmatrix}$. [38]

Gemäß der Definition eines Zyklus gilt für diese Fälle, dass

$N_k = U^k \cdot N_0$. Daraus folgt, dass $U^k = E$ (Einheitsmatrix)

Gleichzeitig gilt für $U^4 = \begin{pmatrix} a \cdot b \cdot c \cdot f & 0 & 0 & 0 \\ 0 & a \cdot b \cdot c \cdot f & 0 & 0 \\ 0 & 0 & a \cdot b \cdot c \cdot f & 0 \\ 0 & 0 & 0 & a \cdot b \cdot c \cdot f \end{pmatrix}$

Mit diesen Erkenntnissen lassen sich die oben gestellten Fragen beantworten:

1. Bei einem zyklischen Prozess, d.h. langfristig stabilen Population, mit der Vermehrungsrate f > 0 und den Überlebensraten a, b, c mit 0 < a,b,c <= 1 muss das Produkt aus f$\cdot$a$\cdot$b$\cdot$c = 1 sein.
2. Die Zykluslänge entspricht bei diesen Übergangsmatrizen der Anzahl Gruppen.
3. Wenn der Faktor f$\cdot$a$\cdot$b$\cdot$c < 1 ist, stirbt die Population aus.
4. Wenn der Faktor f$\cdot$a$\cdot$b$\cdot$c > 1 ist, nimmt die Population zu. [39]

---

[38] Bei Populationen mit einer anderen Anzahl von Gruppen ist die Übergangsmatrix entsprechend zu verändern.
[39] Freudigmann, Hans u.a. (2009), S.323

Die Untersuchung einer Population hinsichtlich ihres Wachstumsverhaltens ist somit zwar mit der Matrizenrechnung möglich, aber erfordert die Einschränkung auf eine bestimmte Vermehrungsstruktur. Für Übergangsmatrizen anderer Strukturen hinsichtlich der Vermehrungsrate lassen sich solche Aussagen nicht so einfach ableiten. Andererseits ist das vorgestellte Beispiel so einfach zu analysieren, dass eine Behandlung mittels Matrizen nicht notwendig ist.

4 Zusammenfassung

Ziel der Facharbeit war die Darstellung verschiedener Anwendungsbeispiele der Matrizenrechnung. Allen Anwendungsbeispielen war gemein, dass die Problemstellung in Form von Linearen Gleichungssysteme beschrieben werden konnte. Die Matrizen erlauben in solchen Fällen eine einfache und übersichtliche Abbildung und bieten gute Lösungsverfahren für die unterschiedlichen Fragestellungen.

Der erste Anwendungsfall beinhaltete eine deterministische Fragestellung: Die Bedarfsplanung als Teil der Produktionsplanung, die mit Hilfe eines Matrizenverfahrens abgebildet wurde. Ausgehend von einem einfachen einstufigen Beispiel wurde dieser Ansatz weiterentwickelt, sodass auch komplexe betriebliche Produktstrukturen betrachtet werden können. Eine praktische Nutzung in entsprechenden betrieblichen Softwaresystemen ist aber nach Hahn nicht gegeben.[40]

Die Nutzung von Matrizen zur Beschreibung von stochastischen Prozessen ist dagegen weitaus praxisrelevanter. Im Rahmen der Literaturrecherche konnte ich eine Vielzahl von Beispielen aus unterschiedlichen Fachgebieten für die Abbildung von stochastischen Prozessen mit Hilfe von Markow-Ketten finden. Mit Hilfe von Markow-Ketten können ausgehend von Ausgangszuständen die Wahrscheinlichkeiten von bestimmten Zuständen in der Zukunft berechnet werden. Zudem ist zu beachten, dass Markow-Ketten nur eine von mehreren Klassen stochastischer Prozesse bilden.

Als letztes Anwendungsgebiet wurden Populationsprozesse mit Hilfe der Leslie-Matrix untersucht. Auch dieser Ansatz erscheint eine Relevanz in verschiedenen Fachgebieten zu haben und erlaubt sicherlich eine gute Abschätzung der Entwicklung von Populationen. Nur geht Leslie bei seinem Ansatz von stabilen Übergangswahrscheinlichkeiten aus, die nicht von anderen Populationen beeinflusst werden bzw. nicht von der jeweiligen Größe der Population selbst abhängt. Meines Erachtens herrscht in der Natur eine höhere Dynamik vor und es dürfen die Interdependenzen von unterschiedlichen Populationen nicht vernachlässigt werden.

Mit der intensiven Auseinandersetzung mit dem Thema dieser Facharbeit erschloss ich mir sowohl die Möglichkeiten als auch die Grenzen der Matrizen zur Beschreibung von Zustandsänderungen.

---

[40] Hahn, D., Laßmann, G (1990), S.370-371.

5 Literatur

Feldmann, Dietrich; Kruse, Arian; Merziger, Peter; Mühlbach, Günter; Wirth, Thomas: Repetitorium der Ingenieur-Mathematik, C. Feldmann, Hannover, 1985

Freudigmann, Hans u.a.: Lambacher Schweizer 11/12, Mathematik für Gymnasien, Gesamtband Oberstufe, Stuttgart 2009

Hahn, D; Laßmann, G.: Produktionswirtschaft – Controlling industrieller Produktion; 2. Auflage; Physica-Verlag, Heidelberg 1990

Holland, Heinrich; Holland, Doris: Mathematik im Betrieb, 8. Auflage, Gabler, Wiesbaden, 2006

Kamps, Udo; Cramer, Erhard; Oltmanns, Helga: Wirtschaftsmathematik, Einführendes Lehr- und Arbeitsbuch; 3. Auflage; Oldenbourg Wissenschaftsverlag GmbH, München, 2009

Keppeler, Stefan: Vorlesungsskript: Mathematik I – Matrizen, Universität Tübingen, 2009

Kistner, Klaus-Peter; Steven, Marion: Produktionsplanung; 2. Auflage; Physica-Verlag, Heidelberg, 1993

Kneis, Gert: Mathematik für Wirtschaftswissenschaftler, Oldenbourg Wissenschaftsverlag GmbH, München, 2005

Koecher, M.: Lineare Algebra und Analytische Geometrie, Springer 1997

Larek, Emil:Lineare Systeme in der Wirtschaft, Lineare Algebra, Lineare Optimierung; Europäischer Verlag der Wissenschaft, Frankfurt am Main, 2000

Leslie, P.H.: On the use of matrices in certain population mathematics, biometrica (1945) 33(3) S.183-212

Luderer, Bernd; Würker, Uwe: Einstieg in die Wirtschaftsmathematik; 7. Auflage; Vieweg+Teubner, Wiesbaden (2009)

Stüven, Pirjetta: Markov-Ketten: ein kurzer Überblick, Fachhochschule Kiel, 2002

Tietze, Jürgen: Einführung in die angewandte Wirtschaftsmathematik: Vieweg, Wiesbaden (2005)